河南大学
校园常见鸟类图鉴

赵海鹏 王 鹏 编著

河南大学出版社
HENAN UNIVERSITY PRESS
·郑州·

图书在版编目（CIP）数据

河南大学校园常见鸟类图鉴 / 赵海鹏，王鹏编著. -- 郑州：河南大学出版社，2022.8
ISBN 978-7-5649-5298-3

Ⅰ. ①河… Ⅱ. ①赵… ②王… Ⅲ. ①鸟类 - 郑州 - 图集 Ⅳ. ①Q959.708-64

中国版本图书馆CIP数据核字(2022)第158188号

河南大学校园常见鸟类图鉴
HENANDEXUE XIAOYUAN CHANGJIAN NIAOLEI TUJIAN

责任主编	马　博　展文婕
责任校对	时二凤　王　珂
封面设计	董雪华

出　版	河南大学出版社		
地　址	郑州市郑东新区商务外环中华大厦2401号	邮　编	450046
电　话	0371-86059701（营销部）		
	0371-22860116（人文社科分公司）		
网　址	hupress.henu.edu.cn		
排　版	河南大学文化产业基地有限公司		
印　刷	郑州印之星印务有限公司		
版　次	2022年8月第1版	印　次	2022年8月第1次印刷
开　本	787 mm×1092 mm　1/32	印　张	3.5
字　数	85千字	定　价	68.00元

版权所有，侵权必究
（本书如有印装质量问题，请与河南大学出版社营销部联系调换）

春桐科普队

王　鹏	曹　颍	朱灵君	李书雅
李佳依	王　悦	冯　轲	刘雪燕
陈天恩	刘保清	高　悦	张　盈
赖创佳	付湘瑜	高大伟	段熠林
陈晓晨	何震宇	戚梦瑶	陈继康
王　通	刘　杨	毕海纳	史华杰

摄　影

赵海鹏	王　鹏	李佳依	陈天恩
冯　轲			

银喉长尾山雀（王鹏摄）

前言

"科技创新、科学普及是实现创新发展的两翼",提高民众科学素养,是科技工作者重要的应该积极担当的职责。为增强受众生物多样性保护意识,河南大学生命科学学院在"双一流"学科建设之际,自觉担当,采取线上线下结合的方式,深入到社区、学校以及部队等,积极开展相关科普工作,尤以近年来组建之"春桐科普队"工作颇佳。为做好鸟类相关的科普工作,相关师生针对学习、生活地的鸟类资源进行了深入的观察、调查和研究,为编写本图鉴积累了大量素材。

《河南大学校园常见鸟类图鉴》选取了36种河南大学明伦、金明两个校区常见鸟类进行介绍,力求文字简洁专业又不乏生动形象,鸟类照片主要由生命科学学院师生日常积累而来,选择图片除考虑鸟类本身形态特点外,还兼顾展示其生境或栖息地,所选图片尽可能兼顾展示鸟类形态鉴别特点和其生境栖息地;同时,增加鸟类的拍摄观察技巧、常用名词解释等部分,以求帮助读者更好地观察鸟类并体验观鸟乐趣。

管中窥豹,可见一斑。《河南大学校园常见鸟类图鉴》虽然只展示了36种鸟类,但我们依然期望可以通过它展示出来一定的鸟类生物多样性之美,开启与鸟儿奇妙的互动之旅,有意识地了解、掌握更多鸟类的信息,提高观鸟、识鸟的技能,在欣赏鸟类时,可以爱护它们、保护它们。

编写过程中,多有懈怠,幸有师长、同行专家、故友亲朋以及出版社工作人员等的勉励关注和督促,加之参编学生的热情与期望,推动了工作的开展,谨此致谢;限于编者水平和认识,难免在物种选择、文字介绍等方面存有不足或错误,敬请广大读者、专家同行给予批评指正,以利再版提高。

　　本图鉴得到了生物学一流学科建设项目、河南省重大公益专项项目(201300311300)和河南省科协"i科普"科技志愿服务行动项目的支持。

CONTENTS
目 录

01　河南大学概况

03　河南大学校园环境介绍

06　河南大学校园鸟类分布

08　使用指南

10　**䴙䴘目 PODICIPEDIFORMES**
　　䴙䴘科 Podicipedidae
　　10 小䴙䴘 *Tachybaptus ruficollis*

12　**鸽形目 COLUMBIFORMES**
　　鸠鸽科 Columbidae
　　12 山斑鸠 *Streptopelia orientalis*
　　14 珠颈斑鸠 *Streptopelia chinensis*

16　**鹤形目 GRUIFORMES**
　　秧鸡科 Rallidae
　　16 黑水鸡 *Gallinula chloropus*

18 鸻形目 CHARADRIIFORMES
鸥科 Laridae
18 普通燕鸥 *Sterna hirundo*

20 犀鸟目 BUCEROTIFORMES
戴胜科 Upupidae
20 戴胜 *Upupa epops*

22 佛法僧目 CORACIIFORMES
翠鸟科 Alcedinidae
22 普通翠鸟 *Alcedo atthis*

24 啄木鸟目 PICIFORMES
啄木鸟科 Picidae
24 星头啄木鸟 *Dendrocopos canicapillus*
26 大斑啄木鸟 *Dendrocopos major*

28 隼形目 FALCONIFORMES
隼科 Falconidae
28 红隼 *Falco tinnunculus*

30 雀形目 PASSERIFORMES
卷尾科 Dicruridae
30 黑卷尾 *Dicrurus macrocercus*
伯劳科 Laniidae
32 红尾伯劳 *Lanius cristatus*
34 棕背伯劳 *Lanius schach*

鸦科 Corvidae

36 灰喜鹊 *Cyanopica cyanus*

38 喜鹊 *Pica pica*

山雀科 Paridae

40 大山雀 *Parus cinereus*

苇莺科 Acrocephalidae

42 东方大苇莺 *Acrocephalus orientalis*

燕科 Hirundinidae

44 家燕 *Hirundo rustica*

46 金腰燕 *Cecropis daurica*

鹎科 Pycnonotidae

48 白头鹎 *Pycnonotus sinensis*

柳莺科 Phylloscopidae

50 黄腰柳莺 *Phylloscopus proregulus*

长尾山雀科 Aegithalidae

52 银喉长尾山雀 *Aegithalos glaucogularis*

莺鹛科 Sylviidae

54 棕头鸦雀 *Sinosuthora webbiana*

椋鸟科 Sturnidae

56 八哥 *Acridotheres cristatellus*

58 灰椋鸟 *Spodiopsar cineraceus*

鸫科 Turdidae

60 乌鸫 *Turdus mandarinus*

62 红尾斑鸫 *Turdus naumanni*

鹟科 Muscicapidae
64 北红尾鸲 *Phoenicurus auroreus*

雀科 Passeridae
66 麻雀 *Passer montanus*

鹡鸰科 Motacillidae
68 白鹡鸰 *Motacilla alba*
70 树鹨 *Anthus hodgsoni*

燕雀科 Fringillidae
72 燕雀 *Fringilla montifringilla*
74 黑尾蜡嘴雀 *Eophona migratoria*
76 金翅雀 *Chloris sinica*

鹀科 Emberizidae
78 三道眉草鹀 *Emberiza cioides*
80 小鹀 *Emberiza pusilla*

80 附录
83 观鸟小知识
89 观鸟心得（一）
93 观鸟心得（二）
94 鸟类救护常识
95 春桐科普队队名解析
96 春桐科普队队徽解析

98 中文名索引

99 主要参考文献

河南大学概况

河南大学是一所办学历史悠久、学科门类齐全、专业特色鲜明、文化底蕴深厚的国家"双一流"建设高校。

河南大学创立于1912年，始名河南留学欧美预备学校，首任校长为林伯襄先生，校园选建于河南贡院旧址之上。后历经中州大学、国立开封中山大学（又称国立第五中山大学）、省立河南大学等阶段，1942年升格为国立河南大学。1952年院系调整，部分院系或独立建校，或并入兄弟高校，校本部更名为河南师范学院。后又经开封师范学院、河南师范大学等阶段，1984年恢复河南大学校名。2008年10月，学校进入省部共建高校行列。2017年9月，学校入选首批国家"双一流"建设高校。2022年2月，学校再次入选国家"双一流"建设高校。110年来，学校恪守"明德新民，止于至善"的校训，形成了"团结、勤奋、严谨、朴实"的校风和以"百折不挠、自强不息"为核心的大学精神，培养了70多万名各类人才，为教育振兴、科技创新、文化传承、社会进步和人类文明作出了突出贡献。

河南大学是一所拥有文、史、哲、经、管、法、理、工、医、农、教育、艺术、交叉等13个学科门类的综合性、研究型大学，有36个学院（教研部）、99个本科专业、48个硕士学位授权一级学科、30种硕士专业学位授权类别、21个博士学位授权一级学科、19个博士后科研流动站，10个学科进入ESI世界排名前1%，82个本科专业进入一流本科专业建设"双万计划"。学校拥有郑州龙子湖校区和开封明伦校区（近代建筑群是国家级重点文物保护单位）、金明校区，总占地面积5500余亩。学校有全日制在校生近5万人，教职工4600多人，教师中有专兼职院士、学部委员22人，长江学者、国家杰青、"万人计划"等领军人才59人；拥有2个国家重点实验室，1个国家野外科学观测研究站，2个国家重点社科研究平台，3个国家地方联合工程研究中心（工程实验室），5个教育部和农业部重点实验室（中心），以及一批国家级教育、研究、培训基地；办有河南大学出版社和9种学术期刊，馆藏文献信息资源总量近1300万册卷件；先后与37个国家和地区的192所高校建立了友好合作关系。

近年来，习近平、李克强、江泽民、贾庆林、李岚清、吴官正、李长春等党和国家领导同志莅校视察，对河南大学的发展寄予厚望。河南省委、省政府全力支持河南大学在"双一流"建设中提质晋位，打造河南高等教育"双航母"。

学校以习近平新时代中国特色社会主义思想为指导，担当建设国家创新高地和全国重要人才中心的大学使命，坚持"中国特色、世界一流、中原风格"的发展定位，建设研究型、综合性世界一流大学，努力实现在中原大地起高峰。

（来源：https://www.henu.edu.cn/xxgk/hdgk.htm）

河南大学校园环境介绍

河南大学由位于河南省郑州市郑东新区龙子湖高校园区的郑州龙子湖校区和位于河南省开封市的明伦校区、金明校区组成。由于龙子湖校区刚建成不久，尚未开展调查，故着重介绍下图鉴主要调查地——开封明伦校区和金明校区。

河南大学明伦校区，坐落于开封市东北隅，北邻千年铁塔，东依明清古城墙。明伦校区内分布有河南大学近代建筑群，该建筑群占地面积近600亩，总建筑面积17579.46平方米。从学校南大门向北至大礼堂构成一条南北长0.5公里的中轴线，近代建筑群总体构图以主体建筑居中，前门后堂，左右斋房，是典型的中国传统书院建筑布局，既显示着古典与现代的贯通，又流露着中西文明的交融。河大东湖（铁塔湖），南北长约400米，东西宽约200米，湖面约96200平方米，水产资源丰富，吸引许多鸟类在此觅食、嬉戏。校园内近现代建筑群为鸟类提供远离人类干扰的栖身地，建筑物间也多种有高大乔木，在为鸟类提供休息和隐蔽空间的同时，也可以提供良好视角。除此之外，家燕、金腰燕和普通雨燕等也喜欢在建筑外墙、屋檐下等地方营巢，建筑物上的常春藤和五叶爬山虎等攀缘植物也为鸟类提供食物以及休息的地方。

河南大学金明校区于2000年9月经河南省委、省政府批准立项，在开封市经济技术开发区征地2000亩筹建新校区。建成后的新校区，极具开放型、流动型、人文型的校园环境和多样化的建筑风格。若从半空中鸟瞰，新校区的地形酷似古代青铜器

"钺",折线环形机动车道与"Y"字型人行道相结合,形成新校区的总体骨架,一条蜿蜒几百亩的水系贯穿南北。在河大新校区中,湖泊、草地、林地等自然生境丰富,在校园内可见许多野生动物。粹庭湖、雪垠湖、先闻湖、访秋湖、镜如湖等地区水草、鱼虾等水产资源丰富。人工湖旁有成片草地林地,种植大量乔木、灌木、草本等多种植物,为鸟类提供丰富的嫩草、草籽、昆虫作为食物,高大稀疏的乔木林也常成为鸟类嬉戏的场所。

河南大学明伦校区一角

河南大学校园鸟类分布

Ⅰ：水域分布鸟类有小䴙䴘、黑水鸡、普通翠鸟、家燕等。其中黑水鸡主要分布在新区雪垠湖、粹庭湖等，华苑宿舍前小水池也有分布。校园中的人工湖较多，芦苇、水草茂盛，鱼类、蛙类丰富，家燕常在各水域上空捕食蚊蝇，小䴙䴘则在芦苇中嬉戏觅食。

Ⅱ：草地分布鸟类有白鹡鸰、灰椋鸟、八哥、喜鹊、灰喜鹊、乌鸫、斑鸫、珠颈斑鸠、山斑鸠、戴胜、黑卷尾等。该生境中大量的嫩草、草籽、昆虫等为鸟类提供丰富的食物，开阔的草地和密集的灌丛为鸟类提供觅食和隐身的场所，因此在该生境中鸟类竞争压力小。优势种有喜鹊、灰喜鹊、麻雀、乌鸫等。

Ⅲ：林地分布鸟类有白头鹎、棕背伯劳、灰椋鸟、八哥、喜鹊、灰喜鹊、麻雀、黑尾蜡嘴雀、珠颈斑鸠、山斑鸠等。此生境中分布鸟类最多，以雀形目鸟类为主。繁盛的树木为鸟类提供休息和隐蔽空间，林间地面也有丰富的食物资源。高大稀疏的杉树林常作为鸟类嬉戏的场所，校园路旁的榉树上可经常观察到白头鹎和黑尾蜡嘴雀成群觅食、休憩。优势种有黑尾蜡嘴雀、麻雀、白头鹎等。

Ⅳ：人工建筑分布鸟类有家燕、麻雀、灰椋鸟、八哥、喜鹊、灰喜鹊、珠颈斑鸠、山斑鸠、白头鹎等。其中家燕喜欢在建筑外墙、屋檐下等地方营巢。首先，此区域分布的鸟类与人类生活密切相关，人类的厨余垃圾为鸟类提供了食物，时常会有鸟类在路面啄食谷物、零食屑等食物残渣；其次，高大建筑物可为鸟类提供远离人类干扰的栖身地，也可以提供良好视角。此生境鸟类多为杂食性鸟类，其筑巢、繁殖等行为也常在人工建筑物附近进行。此生境鸟类无明显优势种。

河南大学明伦校区大礼堂

使用指南

区系从属： W—广布种；P—古北种；O—东洋种

鸟频指数： +++优势种（每年记录数量＞1000）；++常见种（每年记录数量在100~1000之间）；+稀有种（每年记录数量＜100）

居留类型： P—旅鸟；W—冬候鸟；Sm—夏候鸟；R—留鸟

保护级别： I级—国家一级保护动物；II级—国家二级保护动物；▲—三有保护动物

园区分布： L—河南大学明伦校区分布；X—河南大学金明校区分布；D—两区都有；F—访问所得

濒危程度： EX—灭绝；EW—野外灭绝；CR—极危；EN—濒危；VU—易危；NT—近危；LC—无危

鸟类往往是按照生态类群聚集在一块，在生活习性上有着相似性，从而在形态特征上也具有一定的共同点。从系统分类角度将鸟类按照生态类群进行分类，共分为8类（王战宁，2011），我国有包括鸣禽、游禽、陆禽、攀禽、涉禽、猛禽在内的6个类群，走禽鸵鸟类和海洋性鸟类企鹅这2个特殊类群在我国现存鸟类中是没有的（郑光美，2017）。

河南大学常见鸟类有5类生态类群,分别是:

● **鸣禽:** 种类繁多,巧于营巢,善于鸣叫,由鸣管控制发音。鸣管结构复杂而发达,大多数种类具有复杂的鸣肌附于鸣管的两侧。鸣禽是鸟类中最进化的类群,分布广,能够适应多种多样的生态环境,因此外部形态变化复杂,相互间的差异十分明显。其鸣声因性别和季节的不同而有差异,繁殖期的鸣声最为婉转和响亮。

● **游禽:** 包括鸊鷉目、鹈形目、雁形目等,都长有肉质脚蹼,善于游泳、潜水。羽毛往往厚而致密,多有发达尾脂腺分泌油脂,用喙涂抹在羽毛上用来防水。

● **陆禽:** 包括鸡形目和鸽形目。嘴较短,后肢强壮适于地面行走,善奔跑,三趾在前,一趾向后,后趾可与前趾对握栖于树上。

● **攀禽:** 常见的有鹃形目、啄木鸟目(趾两个向前两个向后)、雨燕目(四趾向前)和佛法僧目(三趾向前基部微合并,一趾向后)等。其足(脚)趾发生多种变化,适于在岩壁、石壁、土壁、树干等处攀缘生活。

● **猛禽:** 均为肉食性鸟类,包括隼形目和鸮形目,多以小至中型的脊椎动物为食,一般嘴强健有力、边缘锋利、尖端弯曲,腿脚粗壮、趾端具利爪,视觉器官发达。

<u>经调查:从2010年起截至2022年5月,共记录河南大学校园鸟类16目39科56属86种,择取其中36常见种进行介绍,分类信息依据《中国鸟类分类与分布名录(第三版)》(郑光美,2017)。</u>

䴙䴘目
PODICIPEDIFORMES

䴙䴘科 Podicipedidae

● 小䴙(pì)䴘(tī) *Tachybaptus ruficollis*

俗名：水葫芦、油葫芦、油鸭

科属：䴙䴘目 䴙䴘科 䴙䴘属

识别要点：体小而矮扁的深色䴙䴘。繁殖期嘴角具浅黄色斑块，喉及前颈的羽毛偏红，头顶及颈背深灰褐色，上体褐色，下体偏灰；非繁殖期的羽毛上体灰褐色，下体白色。趾具宽阔的蹼，尾羽退化，善于游泳，会潜水。

趣味知识：尾短、翅短、腿短，使得它的体形近乎椭圆，加上它的羽毛全为绒羽，松软如丝，整个感觉就像一个毛茸茸的葫芦，十分可爱，因此俗名叫做水葫芦、油葫芦、油鸭。

濒危程度：LC（无危）

保护级别：▲

区系从属：W

鸟频指数：+++

居留类型：R

园区分布：X

上、中图（赵海鹏摄）下图（王鹏摄）

鸽形目
COLUMBIFORMES

鸠鸽科 Columbidae

● 山斑鸠 *Streptopelia orientalis*

俗名：山鸠、金背鸠、金背斑鸠、麒麟斑、麒麟鸠、雉鸠

科属：鸽形目 鸠鸽科 斑鸠属

识别要点：背部具扇贝状褐色斑纹，颈侧具黑白色条纹形成的图案。与珠颈斑鸠脖子上呈斑点状分布花纹不同，山斑鸠呈条状分布，起飞时带有高频的"噗噗"声。

濒危程度：LC（无危）

保护级别：▲

区系从属：W

鸟频指数：++

居留类型：R

园区分布：D

鸽形目 · 鸠鸽科—山斑鸠

上图（王鹏 摄） 中、下图（赵海鹏 摄）

鸽形目
COLUMBIFORMES

鸠鸽科 Columbidae

● 珠颈斑鸠 *Streptopelia chinensis*

俗名： 花斑鸠、花脖斑鸠、珍珠鸠、斑颈鸠

科属： 鸽形目 鸠鸽科 珠颈斑鸠属

识别要点： 颈侧及颈后有满是白点的黑色羽毛，尾略长，外侧尾羽前端的白色甚宽，飞羽较体羽色深。

趣味知识： 求偶的雄性在表演时身体会极度倾斜，并在绕圈飞行时舒展自己的双翅和尾巴以吸引雌性。

濒危程度： LC（无危）

保护级别： ▲

区系从属： O

鸟频指数： +++

居留类型： R

园区分布： D

上图（赵海鹏摄）中、下图（王鹏摄）

鸽形目·鸠鸽科—珠颈斑鸠

鹤形目
GRUIFORMES

秧鸡科 Rallidae

● 黑水鸡 *Gallinula chloropus*

俗名：红冠水鸡、红骨顶、红鸟、江鸡

科属：鹤形目 秧鸡科 黑水鸡属

识别要点：整体大致为黑色，两侧有白色细纹，臀部有白斑，嘴及额甲红色，尖端为黄色。

趣味知识：黑水鸡善于奔跑和潜水，受惊时可潜入水底隐藏，用脚抓住植物经久不出，呼吸时在水面露出鼻孔。常在田间快速奔跑，不善飞翔。

濒危程度：LC（无危）

保护级别：▲

区系从属：W

鸟频指数：+

居留类型：R

园区分布：X

鹤形目 · 秧鸡科—黑水鸡

上、中图（赵海鹏摄）下图（王鹏摄）

鸻形目
CHARADRIIFORMES

鸥科 Laridae

● 普通燕鸥 *Sterna hirundo*

科属：鸻形目 鸥科 燕鸥属

识别要点：体型略小，头顶黑色，上翼及背部灰色，尾上覆羽、腰部及尾部白色，尾呈深叉状。常呈小群活动，栖息于湖泊、河流、水塘和沼泽地带，以鱼、虾等小型动物为食。

濒危程度：LC（无危）

保护级别：▲

区系从属：P

鸟频指数：+

居留类型：Sm

园区分布：L

鸻形目 • 鸥科—普通燕鸥

上、下图（王鹏 摄）

犀鸟目
BUCEROTIFORMES

戴胜科 Upupidae

● 戴胜 *Upupa epops*

俗名：胡哱哱、花蒲扇、臭姑鸪、咕咕翅

科属：犀鸟目 戴胜科 戴胜属

识别要点：体型中等、色彩鲜明的鸟类，羽冠色略深且各羽具黑端。头、上背、肩及下体粉棕，两翼及尾具黑白相间的条纹。嘴长且下弯，浅褐色与黑白相间搭配，头顶花冠似折扇。

趣味知识：翱翔飞行的姿态很像一只展翅的花蝴蝶，一起一伏呈波浪式前进，边飞边鸣，叫声"呼-呼-呼"，十分奇特，也颇具趣味。

相关诗词：戴胜谁与尔为名，木中作窠墙上鸣。（唐·王建《戴胜词》）

濒危程度：LC（无危）

保护级别：▲

区系从属：W

鸟频指数：+++

居留类型：R

园区分布：D

犀鸟目 · 戴胜科—戴胜

上、中图（赵海鹏摄）下图（王鹏摄）

佛法僧目
CORACIIFORMES

翠鸟科 Alcedinidae

● 普通翠鸟 *Alcedo atthis*

俗名：翠鸟、鱼狗、打鱼郎、钓鱼郎、刁鱼郎、小翠

科属：佛法僧目 翠鸟科 翠鸟属

识别要点：体型较小，上体蓝绿色，中央具一条蓝带，橘黄色条带横贯眼部及耳羽，下体橙棕色。行动敏捷且富有耐心，以鱼为食。河南大学金明校区图书馆南边树林、雪垠湖等有分布。

趣味知识：普通翠鸟是常见留鸟，在沙堤或泥崖挖掘隧道式巢穴，在其中产卵，喂养幼鸟。因独特的捕食方式，俗称"打鱼郎"。

相关诗词：白莲倚阑楯，翠鸟缘帘押。（唐·皮日休《任诗》）

濒危程度：LC（无危）

保护级别：▲

区系从属：W

鸟频指数：+

居留类型：R

园区分布：D

佛法僧目 • 翠鸟科—普通翠鸟

上、下图（王鹏摄）

啄木鸟目
PICIFORMES

啄木鸟科 Picidae

● 星头啄木鸟 *Dendrocopos canicapillus*

俗名：小啄木鸟

科属：啄木鸟目 啄木鸟科 啄木鸟属

识别要点：小型具黑白条纹的啄木鸟，额至头顶灰色或灰褐色，具宽阔的白色眉纹自眼后延伸至颈侧，腹部具黑色纵纹。

濒危程度：LC（无危）

保护级别：▲

区系从属：P

鸟频指数：+

居留类型：R

园区分布：D

啄木鸟目 · 啄木鸟科—星头啄木鸟

上、下图（赵海鹏 摄）

啄木鸟目
PICIFORMES

啄木鸟科 Picidae

● 大斑啄木鸟 *Dendrocopos major*

俗名：赤䴗、臭奔得儿木、花奔得儿木、花啄木、白花啄木鸟、啄木冠

科属：啄木鸟目 啄木鸟科 啄木鸟属

识别要点：小型啄木鸟，上体主要为黑色，额、颊和耳羽白色，肩和翅上各有一块大的白斑。尾黑色，外侧尾羽具黑白相间横斑，飞羽亦然，下体污白色，下腹和尾下覆羽鲜红色。

趣味知识：喙强直如凿，舌细长，能伸缩自如，先端并列生短钩。攀木觅食时以嘴叩树，好像击鼓一般。喜食林业害虫，被誉为"森林医生"。

濒危程度：LC（无危）

保护级别：▲

区系从属：P

鸟频指数：+

居留类型：R

园区分布：D

啄木鸟目 • 啄木鸟科—大斑啄木鸟

上图（赵海鹏摄）下图（王鹏摄）

隼形目
FALCONIFORMES

隼科 Falconidae

● 红隼(sǔn) *Falco tinnunculus*

俗名：隼、红鹰、黄鹰、红鹞子

科属：隼形目 隼科 隼属

识别要点：小型猛禽，眼睛下面有一条垂直向下的黑色口角髭纹，尾羽的形状呈凸尾状。雄鸟头顶及颈背灰色，尾蓝灰色无横斑，上体赤褐略具黑色横斑，下体皮黄而具黑色纵纹；雌鸟体型略大，上体全褐色，比雄鸟少赤褐色而多粗横斑。

趣味知识：红隼喜欢抢占乌鸦、喜鹊的巢。

濒危程度：LC（无危）

保护级别：II级

区系从属：W

鸟频指数：+

居留类型：R

园区分布：X

上图(赵海鹏摄)中、下图(王鹏摄)

隼形目 • 隼科—红隼

雀形目
PASSERIFORMES

卷尾科 Dicruridae

● 黑卷尾 *Dicrurus macrocercus*

俗名：铁燕子、黑黎鸡、黑乌秋、黑鱼尾燕、龙尾燕

科属：雀形目 卷尾科 卷尾属

识别要点：中等体型的蓝黑色且具辉光的卷尾。嘴小，嘴角具白点，尾长而叉深，在风中常上举成一奇特角度。

趣味知识：常落在草场的家畜背上，啄食被家畜惊起的虫类。它的叫声为嘹亮的金属声，音同"吃杯茶"，活跃多变，有时还会模仿其他鸟类的叫声。

濒危程度：LC（无危）

保护级别：▲

区系从属：W

鸟频指数：+++

居留类型：Sm

园区分布：X

雀形目 · 卷尾科—黑卷尾

上图（冯轲摄）下图（王鹏摄）

雀形目
PASSERIFORMES

伯劳科 Laniidae

● 红尾伯劳 *Lanius cristatus*

俗名：褐伯劳、花虎伯劳

科属：雀形目 伯劳科 伯劳属

识别要点：成鸟：前额灰，具白色眉纹和粗著的黑色贯眼纹，头顶及上体褐色，下体皮黄。亚成鸟：似成鸟但背及体侧具深褐色细小的鳞状斑纹。

趣味知识：单独或成对活动，性活泼，常站在枝头的最高处。肉食性鸟类，会捕食小鸟。

濒危程度：LC（无危）

保护级别：▲

区系从属：W

鸟频指数：+

居留类型：W

园区分布：D

雀形目 • 伯劳科—红尾伯劳

上图（冯珂摄）下图（赵海鹏摄）

雀形目
PASSERIFORMES

伯劳科 Laniidae

● 棕背伯劳 *Lanius schach*

俗名：桂来姆、黄伯劳、褐伯劳

科属：雀形目 伯劳科 伯劳属

识别要点：额、眼纹、两翼及尾黑色，翼上有一白斑；头顶及颈背灰色或灰黑色；背、腰及体侧红褐色；颏、喉、胸及腹中心部位白色。与红尾伯劳相比上体偏灰，下体偏棕。

趣味知识：能模仿红嘴相思鸟、黄鹂等其他鸟类的鸣叫声，鸣声悠扬、婉转悦耳。

濒危程度：LC（无危）

保护级别：▲

区系从属：O

鸟频指数：+

居留类型：R

园区分布：D

上图（冯轲摄）中、下图（王鹏摄）

雀形目 • 伯劳科—棕背伯劳

雀形目
PASSERIFORMES

鸦科 Corvidae

● 灰喜鹊 *Cyanopica cyanus*

俗名：山喜鹊、蓝鹊、蓝膀香鹊、长尾鹊、鸢喜鹊、麻嘎子、长尾巴郎

科属：雀形目 鸦科 灰喜鹊属

识别要点：体型比喜鹊小。顶冠、耳羽及后枕黑色，两翼及尾部天蓝色，其他部分为灰色。

趣味知识：灰喜鹊性吵嚷，平时喜欢成对或成小群活动，常与八哥、乌鸫和其他小型乌鸦类混群。

濒危程度：LC（无危）

保护级别：▲

区系从属：P

鸟频指数：+++

居留类型：R

园区分布：D

上图(赵海鹏摄)中、下图(王鹏摄)

雀形目 • 鸦科—灰喜鹊

雀形目
PASSERIFORMES

鸦科 Corvidae

● 喜鹊 *Pica pica*

俗名：鹊、客鹊、飞驳鸟、干鹊、神女

科属：雀形目 鸦科 鹊属

识别要点：体形较大的黑白色鸟类。羽毛大部分为黑色，肩腹部为白色，两翼和尾部有蓝色辉光。

趣味知识：旧时民间传说农历七月初七晚上喜鹊在银河上搭桥，让牛郎、织女在桥上相会。

相关诗词：姓名已入飞龙榜，书信新传喜鹊知。（宋·黄庭坚《送邓慎思归长沙觐省》）

濒危程度：LC（无危）

保护级别：▲

区系从属：P

鸟频指数：+++

居留类型：R

园区分布：D

雀形目 • 鸦科—喜鹊

上、中、下图（王鹏 摄）

雀形目
PASSERIFORMES

山雀科 Paridae

● 大山雀 *Parus cinereus*

俗名：唧唧雀、张飞鸟

科属：雀形目 山雀科 山雀属

识别要点：头部整体为黑色，两颊各有一个椭圆形的大白斑；翼上有一道醒目的白色条纹，一道黑色带沿胸中央而下。

趣味知识：大山雀是一种很活泼的小鸟，胆大易近人，好奇心极强，有非常出色的即兴行为和动作。

濒危程度：LC（无危）

保护级别：▲

区系从属：W

鸟频指数：++

居留类型：R

园区分布：D

上、中、下图（王鹏 摄）

雀形目 • 山雀科—大山雀

雀形目
PASSERIFORMES

苇莺科 Acrocephalidae

● 东方大苇（wěi）莺 *Acrocephalus orientalis*

俗名： 苇串儿、呱呱唧、剖苇、麻喳喳

科属： 雀形目 苇莺科 苇莺属

识别要点： 体型略大的褐色苇莺。具显著黄色眉纹，下体乳黄色，胸侧多深色纵纹。上嘴褐色，下嘴偏粉，多于蒲草或芦苇荡里大声鸣叫，十分嘹亮。

濒危程度： LC（无危）

保护级别： ▲

区系从属： W

鸟频指数： ++

居留类型： R

园区分布： X

雀形目 · 苇莺科—东方大苇莺

上、下图（王鹏摄）

雀形目
PASSERIFORMES

燕科 Hirundinidae

● 家燕 *Hirundo rustica*

俗名：观音燕、燕子、拙燕

科属：雀形目 燕科 燕属

识别要点：黑色背部有金属光泽，红喉，白腹，尾长而分叉。

趣味知识：家燕时而在空中飞翔，时而栖于房顶或房檐下横梁上，并以清脆婉转的声音反复鸣叫，经过这种求偶表演后，雌雄家燕才开始营巢。

相关诗词：无可奈何花落去，似曾相识燕归来。（宋·晏殊《浣溪沙·一曲新词酒一杯》）

濒危程度：LC（无危）

保护级别：▲

区系从属：W

鸟频指数：+++

居留类型：R

园区分布：D

家燕巢

上、中图（王鹏摄）下图（赵海鹏摄）

雀形目 · 燕科—家燕

雀形目
PASSERIFORMES

燕科 Hirundinidae

● 金腰燕 *Cecropis daurica*

俗名：赤腰燕

科属：雀形目 燕科 燕属

识别要点：上体黑色，具有辉蓝色光泽，有一条栗黄色的腰带，浅栗色的腰与深蓝色的上体成对比，常与家燕一起活动。

趣味知识：与家燕的杯状巢不同，金腰燕的泥巢像一个葫芦瓢倒扣在天花板上，巢基部紧贴墙壁，巢口较小，仅能容一只燕子进出。由于筑巢精巧，我国民间自古就将金腰燕称之为巧燕。

濒危程度：LC（无危）

保护级别：▲

区系从属：W

鸟频指数：+

居留类型：R

园区分布：D

金腰燕巢

上、中图（陈天恩摄）下图（王鹏摄）

雀形目 · 燕科—金腰燕

雀形目
PASSERIFORMES

鹎科 Pycnonotidae

● 白头鹎（bēi）*Pycnonotus sinensis*

俗名：白头翁、白头婆

科属：雀形目 鹎科 鹎属

识别要点：头顶黑色，眉和枕羽呈白色，双翼橄榄绿色。秋冬季时白头鹎会聚集在树林上喧叫。

趣味知识：老鸟的枕羽更洁白，所以又叫"白头翁"，幼鸟头橄榄色。白头鹎的数量丰富，分布广泛。

常见场所：雪垠湖西侧的林地草地

濒危程度：LC（无危）

保护级别：▲

区系从属：O

鸟频指数：+++

居留类型：R

园区分布：D

雀形目 • 鹎科—白头鹎

上、中、下图（王鹏摄）

雀形目
PASSERIFORMES

柳莺科 Phylloscopidae

● 黄腰柳莺 *Phylloscopus proregulus*

俗名：槐树串儿、柳串儿、黄腰丝、串树铃儿、帕氏柳莺

科属：雀形目 柳莺科 柳莺属

识别要点：体型较小；腰柠檬黄色；具两道浅色翼斑；下体灰白，臀及尾下覆羽沾浅黄；新换的体羽眼先为橘黄色；嘴细小。

趣味知识：雏鸟一旦孵化，亲鸟会出现"护子"行为：一是不允许其余鸟类靠近巢区；二是具有暖雏行为，雏鸟1~2日龄时，巢中不断有父母其中一人暖雏，7日后雏鸟发育日益完善，亲鸟暖雏行为消失。

濒危程度：LC（无危）

保护级别：▲

区系从属：P

鸟频指数：++

居留类型：R

园区分布：D

雀形目 • 柳莺科—黄腰柳莺

上、中、下图（王鹏摄）

雀形目
PASSERIFORMES

长尾山雀科 Aegithalidae

● 银喉长尾山雀 *Aegithalos glaucogularis*

俗名：银喉山雀

科属：雀形目 长尾山雀科 长尾山雀属

识别要点：头顶黑色具浅色纵纹，头和颈侧呈葡萄棕色，背灰尾长，尾黑色且具白边，下体淡葡萄红色，喉部中央具银灰色斑。尾羽长度等同或大于体长，叫声尖细清脆，但不易观察。

趣味知识：它们的巢都至少用一千根羽毛组成，有时甚至多达两千根。巢的空间不够时，他们会向巢内编织蜘蛛网，随着幼鸟长大，巢也会逐渐扩大。

濒危程度：LC（无危）

保护级别：▲

区系从属：P

鸟频指数：++

居留类型：R

园区分布：X

雀形目·长尾山雀科—银喉长尾山雀

上图雌鸟 下图雄鸟（王鹏 摄）

雀形目
PASSERIFORMES

莺鹛科 Sylviidae

● 棕头鸦雀 *Sinosuthora webbiana*

俗名：黄腾鸟、黄豆鸟、天煞星

科属：雀形目 莺鹛科 棕头鸦雀属

识别要点：头顶至上背棕红色，上体余部橄榄褐色，翅红棕色，尾暗褐色。喉、胸粉红色，下体余部淡黄褐色，喜欢成群在矮灌木丛中活动。

趣味知识：性格活泼而大胆，喜欢短距离低空飞翔，不常做长距离飞行。常边飞边叫或边跳边叫，鸣声低沉而急速，较为嘈杂。

濒危程度：LC（无危）

保护级别：▲

区系从属：P

鸟频指数：+

居留类型：R

园区分布：D

上图（赵海鹏摄）下图（王鹏摄）

雀形目 • 莺鹛科—棕头鸦雀

雀形目
PASSERIFORMES

椋鸟科 Sturnidae

● 八哥 *Acridotheres cristatellus*

俗名：普通八哥、鹦鸲、驾鸰、加令、凤头八哥

科属：雀形目 椋鸟科 八哥属

识别要点：冠羽突出，全身黑色，翅有白斑，飞行时展开双翅可看到八字形的白斑，两块白斑与黑色的体羽形成鲜明的对比也是八哥的一个重要辨识特征；尾羽端部白色。

趣味知识：于清晨聚集高处，喧噪一番后便分散活动，至翌日又在原处聚集，常与椋鸟、乌鸦混群共栖。

濒危程度：LC（无危）

保护级别：▲

区系从属：O

鸟频指数：+

居留类型：R

园区分布：D

雀形目 • 椋鸟科—八哥

上、中、下图（王鹏 摄）

雀形目
PASSERIFORMES

椋鸟科 Sturnidae

● 灰椋（liáng）鸟 *Spodiopsar cineraceus*

俗名：杜丽雀、高粱头、管莲子、假画眉、竹雀

科属：雀形目 椋鸟科 丝光椋鸟属

识别要点：体型中等的棕灰色椋鸟。通体主要为灰褐色，头上部黑而两侧白，尾羽末端和臀部为白色。雌鸟色浅而暗，嘴黄色，尖端黑色，脚为橙色。

濒危程度：LC（无危）

保护级别：▲

区系从属：P

鸟频指数：+++

居留类型：R

园区分布：L

雀形目 • 椋鸟科—灰椋鸟

上图（王鹏摄）中、下图（赵海鹏摄）

雀形目
PASSERIFORMES

鸫科 Turdidae

● 乌鸫 *Turdus mandarinus*

俗名： 百舌、反舌、黑鸫、黑鸟、黑山雀、八日雀、中国黑鸫

科属： 雀形目 鸫科 鸫属

识别要点： 体型略大的全深色鸫。雄鸟全黑色，嘴橘黄，眼圈黄；雌鸟上体黑褐，下体深褐，嘴暗绿黄色至黑色，眼圈颜色略淡。

趣味知识： 乌鸫鸣声嘹亮，叫声婉转，有时像笛声，有时像箫韵，韵律多变，因此被称"百舌"。

濒危程度： LC（无危）

保护级别： ▲

区系从属： O

鸟频指数： ++

居留类型： R

园区分布： D

上图（李佳依摄）中图（王鹏摄）下图（陈天恩摄）

雀形目 • 鸫科—乌鸫

雀形目
PASSERIFORMES

鸫科 Turdidae

● 红尾斑鸫 *Turdus naumanni*

俗名：串儿鸡

科属：雀形目 鸫科 鸫属

识别要点：体背颜色以棕褐色为主，下体为白色，在胸部有围成一圈的红棕色斑纹，两胁和臀部具红棕色斑点；眼上有清晰的白色眉纹。起飞时，尾羽展开呈棕红色。

趣味知识：5~6月繁殖于俄罗斯，春秋季节迁徙时几乎遍布于我国各地，并在吉林省以南至长江流域的广大华北地区越冬。

濒危程度：LC（无危）

保护级别：▲

区系从属：P

鸟频指数：++

居留类型：P/W

园区分布：D

雀形目 • 鸫科—红尾斑鸫

上、中图（王鹏摄）下图（赵海鹏摄）

雀形目
PASSERIFORMES

鹟科 Muscicapidae

● 北红尾鸲（qú）*Phoenicurus auroreus*

俗名：灰顶茶鸲、红尾溜、火燕

科属：雀形目 鹟科 红尾鸲属

识别要点：头顶至背石板灰色，下背和两翅黑色具明显的白色翅斑，腰、尾上覆羽橙棕色。雄鸟下体栗色，头顶及颈背灰色而具银色边缘；雌鸟下体褐色，白色翼斑显著，眼圈及尾黄色似雄鸟，但色较黯淡。

趣味知识：活动时常伴随着"滴-滴-滴"的叫声，声音尖细且清脆。

濒危程度：LC（无危）

保护级别：▲

区系从属：P

鸟频指数：++

居留类型：Sm

园区分布：D

雀形目 • 鹟科—北红尾鸲

上图（陈天恩摄）中图雄鸟、下图雌鸟（王鹏摄）

雀形目
PASSERIFORMES

雀科 Passeridae

● 麻雀 *Passer montanus*

俗名：霍雀、瓦雀、琉雀、家雀、老家贼、只只、嘉宾、照夜、麻谷、南麻雀、禾雀、宾雀、北国鸟、小小雀、小嘘雀

科属：雀形目 雀科 雀属

识别要点：黑色喉部，白色脸颊上具黑斑，栗色头部。生命力极强，是最常见的鸟类之一。

趣味知识：麻雀非常聪明机警，有较强的记忆力，这和其它雀形目不同。得到人救助的麻雀会对救助过它的人表现得很亲近，而且会持续很长的时间。

濒危程度：LC（无危）

保护级别：▲

区系从属：W

鸟频指数：+++

居留类型：R

园区分布：D

雀形目 · 雀科—麻雀

上图（陈天恩摄）中、下图（王鹏摄）

雀形目
PASSERIFORMES

鹡鸰科 Motacillidae

● 白鹡(jí)鸰(líng) *Motacilla alba*

俗名: 白颤儿、白面鸟、白颊鹡鸰、眼纹

科属: 雀形目 鹡鸰科 鹡鸰属

识别要点: 体羽上体灰色,下体白色,胸前有黑斑,两翼及尾黑白相间,行走时尾巴不断上下摆动。

趣味知识: 白鹡鸰飞行时并非直线飞行,而是一上一下地呈波浪式地飞行,当它受惊扰时飞行骤降并发出示警叫声。

濒危程度: LC(无危)

保护级别: ▲

区系从属: W

鸟频指数: ++

居留类型: Sm

园区分布: D

上图（王鹏摄）中图（冯轲摄）下图（陈天恩摄）

雀形目 • 鹡鸰科—白鹡鸰

雀形目
PASSERIFORMES

鹡鸰科 Motacillidae

● 树鹨（liù）*Anthus hodgsoni*

俗名：树鲁、木鹨、麦加蓝儿、西雀、地麻雀

科属：雀形目 鹡鸰科 鹨属

识别要点：上体纵纹较少，喉及两胁黄色，胸及两胁黑色纵纹浓密，耳后具白斑。

濒危程度：LC（无危）

保护级别：▲

区系从属：W

鸟频指数：+

居留类型：Sm

园区分布：X

雀形目 • 鹡鸰科—树鹨

上、中图（王鹏 摄）下图（赵海鹏 摄）

雀形目
PASSERIFORMES

燕雀科 Fringillidae

● 燕雀 *Fringilla montifringilla*

俗名：虎皮燕雀、虎皮雀、花鸡、花雀

科属：雀形目 燕雀科 燕雀属

识别要点：体型较小、斑纹分明的壮实型雀鸟，嘴粗壮而尖，呈圆锥状。雄鸟从头至背为辉黑色，背具有黄褐色羽缘。腰为白色，颏、喉、胸为橙黄色，腹至尾下覆羽为白色，两胁呈现淡棕色而具黑色斑点，两翅和尾为黑色，翅上具白斑。雌鸟和雄鸟大致相似，但体色较浅淡，上体为褐色而具有黑色斑点，头顶和枕具窄的黑色羽缘，头侧和颈侧为灰色，腰为白色。

相关诗词：燕雀安知鸿鹄之志哉！（汉·司马迁《史记·陈涉世家》）

濒危程度：LC（无危）

保护级别：▲

区系从属：W

鸟频指数：++

居留类型：P/W

园区分布：D

雀形目 • 燕雀科—燕雀

上图雄鸟（赵海鹏 摄） 下图雌鸟（王鹏 摄）

雀形目
PASSERIFORMES

燕雀科 Fringillidae

● 黑尾蜡嘴雀 *Eophona migratoria*

俗名：蜡嘴、小桑嘴、皂儿（雄性）、灰儿（雌性）

科属：雀形目 燕雀科 蜡嘴雀属

识别要点：中型鸟类，嘴粗大、黄色，但尖端为黑色。雄鸟头灰黑色且越过眼后，雌鸟头灰褐色。喜欢林地和果园，不喜欢密林。

濒危程度：LC（无危）

保护级别：▲

区系从属：P

鸟频指数：++

居留类型：Sm

园区分布：D

雀形目 · 燕雀科—黑尾蜡嘴雀

上图雄鸟（王鹏 摄）中、下图（赵海鹏 摄）下图雌鸟

雀形目
PASSERIFORMES

燕雀科 Fringillidae

● 金翅雀 *Chloris sinica*

俗名：金翅、芦花黄雀、黄弹鸟、谷雀

科属：雀形目 燕雀科 金翅雀属

识别要点：成体雄鸟顶冠及颈背灰色，眼先和眼周部位羽毛深褐色近黑色，背纯褐色，翼斑、外侧尾羽基部及臀黄。雌鸟色暗，幼鸟色淡且多纵纹。身着黄橄榄绿色的羽毛，配上粉红色的小嘴，形象极可爱；迎着阳光，飞行鼓翅时，翼端有着金黄色闪闪发亮的光泽，便是金翅雀独一无二的标志。

濒危程度：LC（无危）

保护级别：▲

区系从属：W

鸟频指数：+++

居留类型：R

园区分布：D

上、中图（王鹏摄）下图（赵海鹏摄）

雀形目 · 燕雀科—金翅雀

雀形目
PASSERIFORMES

鹀科 Emberizidae

● 三道眉草鹀（wú）*Emberiza cioides*

俗名：大白眉、三道眉、犁雀儿、韩鹀、山带子、山麻雀、小栗鹀

科属：雀形目 鹀科 鹀属

识别要点：具醒目的黑白色头部图纹和栗色的胸带，以及白色的眉纹、上髭纹并颏及喉。繁殖期雄鸟脸部有别致的褐色及黑白色图纹，胸栗，腰棕。雌鸟色较淡，眉线及下颊纹皮黄，胸部黄色。

濒危程度：LC（无危）

保护级别：▲

区系从属：P

鸟频指数：+

居留类型：R

园区分布：X

雀形目 • 鹀科—三道眉草鹀

上、下图（王鹏 摄）

雀形目
PASSERIFORMES

鹀科 Emberizidae

● 小鹀（wú）*Emberiza pusilla*

俗名：麦寂寂、花椒子儿、高粱头、铁脸儿、虎头儿

科属：雀形目 鹀科 鹀属

识别要点：头具条纹，雄雌同色，繁殖期成鸟体小而头具黑色和栗色条纹，眼圈色浅。冬季雄雌两性耳羽及顶冠纹暗栗色，颊纹及耳羽边缘灰黑，眉纹及第二道下颊纹暗皮黄褐色。

濒危程度：LC（无危）

保护级别：▲

区系从属：P

鸟频指数：+

居留类型：P

园区分布：X

上、中、下图（王鹏摄）

白头鹎（王鹏 摄）

附录
观鸟小知识

● **观鸟技巧**

1. 观鸟前设计路线,使自己尽量处在顺光、俯视或平视的位置。

2. 发现鸟后先不要查图鉴,尽可能多观察,记住具体特征后再进行识别。

3. 善于使用望远镜,如果一次无法辨识出鸟种,可以再次仔细观察。

4. 不要穿鲜艳醒目的服装,要选择与自然环境协调的色彩,因为鸟类视力敏锐,对鲜艳明亮的色彩十分敏感。

5. 靠近鸟类时,动作轻缓,不要迅速移动,时刻注意鸟的行为,若其表现出紧张不安,则停止移动,避免对视,等待鸟儿恢复平静;不要与同伴大声说话讨论,交流信息时尽量低声。

● **观鸟准则**

1. 不要引诱、驱赶或惊吓鸟类。

2. 不要为满足好奇心而对鸟类穷追不舍。

3. 如果见到鸟类繁殖,如筑巢、育雏等,要尽快离去,以免雀鸟受到惊扰弃巢而去。

4. 拍摄野生鸟类,应采用自然光,不可使用闪光灯,以免它们受到惊吓。

5. 不可为了便于观察或摄影,随意攀折花木,破坏鸟类的栖息地和附近的植被生态。

● **拍摄技巧**

1. 了解鸟类习惯,必须有耐心,好照片是等来的,不是随便就可以拍到。

2. 拍摄时要注意实时查看快门速度有没有高于焦距数值的倒数。

3. 可以提前踩点,了解所拍摄鸟类的巢穴、觅食地点,可在鸟的巢穴、觅食地点等待,寻求最好的拍摄时机。

● **器材选择**

1. 选择较长焦距的镜头如18mm~200mm、70mm~300mm等,或选择更长焦端的镜头如500定、600定等,APS-C相机焦距最好不低于150mm,全画幅相机最好不低于300mm,APS-C相机使用长焦镜头时可以得到更长的焦距,在焦距不够长时,可以将长焦镜头有限安装在APS-C画幅相机上。

2. 相机最好选择对焦系统强悍连拍速度较快的机型,如尼康D500、D850、D5、D6,佳能最好选择1DX2或者1DX3,索尼最好选择A9M2。

3.相机搭配长焦镜头时略显笨重,可以带上三脚架或单脚架减轻手部负担和抖动,增加拍摄的成功率。

4.可以购买镜头炮衣和隐蔽网,减少被动物发现的几率。

● **相机设置**

1.首选测光模式,建议使用点测光,曝光尽可能提高0.5~1挡。

2.拍摄模式,用以拍摄运动中的鸟类,优先保证快门速度,建议设置快门优先。若鸟类正处于飞行状态,可使用1/1000s~1/2000s的快门速度,ISO建议设置成自动模式,现在的相机的所有ISO基本都处于可用状态,不用担心高ISO影响画质,光圈自动即可;若鸟类处于行走或休息状态时,快门速度1/500s~1/1000s内,ISO自动,光圈自动。

河南大学明伦校区斋房一角

3. 如果使用的是佳能相机可以使用反光板预升功能（尼康单反不建议），能更好地拍摄精致的鸟儿，降低ISO，略缩光圈以增加主体景深和细节，并用快门线拍摄。建议搭配三脚架。

4. 快门速度不低于镜头焦距，要合理利用防抖功能。

5. 光圈决定景深，使用长镜头时鸟儿部分部位容易脱焦，因此一般将对焦点放于眼部，必要时可收缩光圈。光线好的时候，光圈建议F8至F14。光线较差，建议使用最大光圈。

● **主要识别特征**

1. 形态结构： 体型大小、嘴形、翅形、尾形和羽色等，在野外识别鸟类要迅速抓住容易观察的特征。

2. 体型大小： 鸟从嘴尖到尾端的全长，体型大小是野外观观察识别鸟类需要最先抓住的特征。用常见鸟类大小作为参考标准，得出观测对象的大概长度。

3. 羽色： 首先注意鸟类的主要颜色，然后准确观察头、颈、尾、翅、胸、腹、腰等各个部位颜色，对于头顶、眉纹、贯眼纹、眼周、翅斑、尾端等处的羽毛要特别注意。

4. 嘴形： 麻雀、文鸟、朱雀的嘴呈短粗的圆锥状；鹤、鹭、翠鸟的嘴长、直且尖；白琵鹭的嘴呈勺状；戴胜的嘴细长向下弯曲；夜鹰、雨燕的嘴扁而宽阔；伯劳的嘴锐利、尖端带钩。

5. 翼形： 不同鸟类翅膀形态各异，燕子、雨燕的翅膀尖长；八哥的翅膀短圆；雕、鹭的翅膀宽长阔大。

6. 体型： 山椒鸟的身体纤细修长；紫水鸡体型短钝圆胖；

翠鸟身体短粗。

7. 尾形：鸟尾根据形态被分成平尾、圆尾、叉尾、凸尾等数种类型。伯劳的尾很长；白鹭具方尾；八哥具圆尾。

8. 头部：头顶、额、脸颊、喉的颜色，有无冠纹、眼纹、颊纹等。

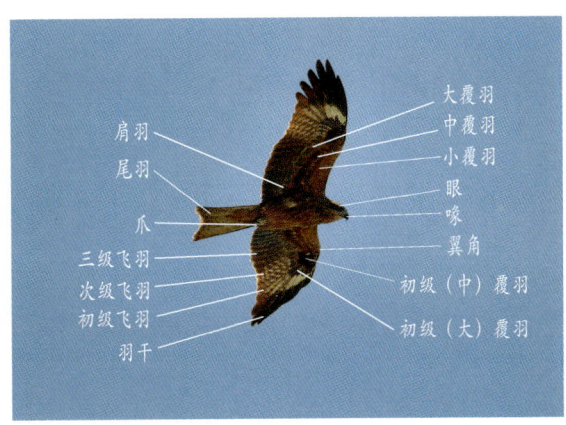

鸟类身体形态图

黄腰柳莺(王鹏摄)

观鸟心得（一）

在最初开展观鸟工作的时候，我就像刚破壳的雏鹰，还未长满翅膀就迫不及待地想要飞翔，总觉得身边看到的鸟儿没有那么特殊，总想着去更远的地方跑跑，总要见见不一样的事物。心猿意马，走马观花，脚踩在地上，心却不知飞向了何方，不能踏踏实实地去做好这件事。

随着时间推移，我跟着老师去了很多地方。

有的是自然保护区。恰逢寒冬，风儿裹挟着雨珠，铺天盖地的袭来。于是，我们只好扛着相机，顶着对人"冻手冻脚"的温度，边听着风儿为我们歌唱，边开展观鸟工作。为了保护"可爱"的相机，我与同行的师兄将两把伞盖在了相机上。

有的是黄橙橙的农庄。这边我们观鸟拍得不亦乐乎，讨论着前方的叫声究竟是哪种鸟儿，刚才飞过的白鹭是多么地优雅，那边，一位农民伯伯的儿子正坐在稻谷上看书，他的父亲正在辛勤地劳作，远处，四声杜鹃的叫声仿佛也在暗示这是一场大丰收。

有的是城市里的公园。几位大爷早上四五点就已经到达预定地点，架好钓竿，大有不钓大鱼誓不还的气势。此时，几只夜鹭轻飘飘飞过，只一个猛子就带走几条大鱼，在我们惊叹不已的同时，也让等待的大爷们无可奈何。

为了拍到更好的图片，有时我甚至于会在车未停稳的时候就着急地拉下车窗；当因为光线角度等原因未能拍到时，内心会有一种难以名状的遗憾，假使我再举高点，会不会更好呢；当拍到了心仪的图片，若还是心仪的角度，那真是值得好好吃一顿大餐，来庆祝这大自然赠予的美妙邂逅。

渐渐地，我发现观鸟的乐趣不在于可以像个顽童四处撒野，而在于身处其中，你可以真正地与大自然融为一体，用心去感受每一种鸟的叫声，感受他们的情感。你会发现当你看见以往见过的鸟，会像遇见分别已久的老友，问问他近况怎样；当你看见未曾见过的鸟，就会像与素未谋面的陌生人相识相知，笑问客从何处来。

再过一段时间，我发现自己所掌握的知识，可以跟老师一起帮助林业局、野生动物救助站等去鉴定识别一些珍稀鸟类，为野生动物保护尽一份力；也可以去向不知道的人们科普鸟类生物多样性之美、为什么有些鸟类是保护动物以及伤害他们会面临怎样的法律问题。

经历了时间与挫折的历练，我的心不再盲目冲动，我开始思索自己可以做些什么，去保护我们身边这些可爱但脆弱的生灵。

经过一段时间的思考，我们在老师的带领下，在疫情期间推出了系列科普推文，制成海报广为流传。随后，立足校园，在前人积累的数据基础上，脚踏实地的开展定期观察，记录数据，最终制成这本《河南大学校园常见鸟类图鉴》。

在制作过程中，有很多老师指点，也有很多同学参与，我们一起努力，希望可以为鸟类科普事业尽一份力，辅助读者认识鸟类，了解其价值与资源状况，领略生物多样性之美。

作为一名普普通通的观鸟人,我从观鸟中学到了很多:有老师的教诲,也有与他人共事的经历,向优秀的人学习经验等。对我而言,观鸟不仅仅只是认识和保护鸟类,也包含了对生命的热爱,对生活的期许。

河南大学生命科学学院

2018级生物科学专业

王鹏

银喉长尾山雀【雌】(王鹏摄)

观鸟心得（二）

"在哪呢？""从这个方向看过去的那个树枝上，在动。"这类话语是观鸟过程中的高频对话。在加入春桐科普队之前，我从未体验过观鸟，虽然很喜欢小鸟，但大多数都是从动画片、图册里欣赏美丽的鸟儿，生活中勉强能认出的鸟儿仅麻雀和家燕两种，其他的，只能统称其为鸟儿。第一次观鸟，是在阳光柔和的清晨，科普队的学长学姐带着我在河大校园里观鸟拍摄照片，那是我第一次知道这些小鸟儿有着属于它们的各式各样的名字，打开了观鸟这个新世界的大门。

由于大多数鸟类惧生怕人，警惕性高，因此一般采用望远镜或者长焦相机进行观鸟。观鸟时间大多选择清晨或者傍晚，有时也会一整个白天在野外追寻鸟儿的踪迹，根据拍摄到的鸟类照片，通过各类书籍进行鉴别，久而久之，自己可识别的鸟类就多了起来。观鸟是一个安静的过程，行进时需要放慢速度，保持一定的距离，尽量不惊扰鸟儿。

在镜头中，我看到了童话般五彩缤纷的鸟儿，也学习到了许多鸟类的分类的知识。观鸟过程中我们认识到了鸟儿这群可爱的生物，看到了不同自然生境的美。我们通过观鸟，亲近自然，感受自然，体会自然生物多样性。观鸟这件事，不仅仅带我们领略了生物之美，带给了我们身心上的放松，也更让我们坚定自然多样性的重要，科学普及工作的重要。

河南大学生命科学学院
2020级生物科学专业
刘雪燕

鸟类救护常识

常见的鸟类伤情主要有以下几种：因高速撞击导致的，内伤诸如脑震荡、内出血；迁徙过程中过度劳累，体力不支；翅膀折断、脚被夹伤等外伤；食物中毒；雏鸟落地；从人类豢养环境中逃离但无法在野外生活等。在此我们不建议普通人士参与救助，如遇需要救助的鸟可参考以下选项并及时联系专业人员。

1.如果受伤鸟类没有明显外伤，可喂食一些生理盐水或葡萄糖溶液，将伤鸟放在纸箱中，纸箱侧面开小孔，盖上纸箱，给鸟一个暗箱环境，避免鸟类与人类接触后产生应激反应，这样调整半天到一天就有可能复原，打开纸箱后鸟类便会自行飞走。

2.如果鸟类伤势较重，不能确认受伤的是猛禽、大型鸟类，应第一时间联系救助站，让鸟儿尽快得到专业救助。

3.如果遇到没有受伤，且浑身无毛或毛非常的稀疏，有可能是从巢里摔下来的雏鸟。可以设法把它放回到巢里，如果找不到它的巢，则应第一时间联系救助站。

鸟类救助应由专业人士开展，请在看见受伤鸟类时尽快联系当地林业局或野生动物救助站。

青桐科普队队名解析

青桐科普队队名中的"青""桐"分别取自张春霖、傅桐生两位在河南大学生物系工作过的河南乃至全国动物学研究的先驱,二位前辈研究涉及鸟兽、两爬、鱼等。张先生是中国鱼类学的开拓者和奠基人,傅先生是中国鸟类学的开拓者和奠基人。"青",生机盎然,大学生青春朝气,是科技创新和科普工作的新生力量和未来希望;"桐",一种能快速生长为民所用的乔木,曾在兰考三害治理中被选用,被称为"焦桐",体现"亲民爱民、艰苦奋斗、科学求实、迎难而上、无私奉献"的焦裕禄精神,寓意成员将践行科普为民的志愿,致力于全民科学素质普遍提高。未来,科普队将一如既往进行生物资源尤其河南黄河流域生物资源调查研究和保护宣传,为生态保护贡献力量。

青桐科普队队徽解析

春桐科普队队徽的设计原型取自泡桐,而配色取自春夏秋冬四季的叶色,寓意春桐科普队一年四季都在从事科普相关工作;其中以春季的深绿色为主,指代"春桐"二字;另外树叶右侧部分是由色块组成的山峰形状,山峰象征着坚韧、探索、冒险、自然,而学术性活动就是一类坚持探索未知的活动,春桐科普队的主要工作内容也与探索和保护自然息息相关。

河南大学明伦校区铁塔湖畔

红尾伯劳（王鹏 摄）

中文名索引

B
八哥　　　　　56
白鹡鸰　　　　68
白头鹎　　　　48
北红尾鸲　　　64

D
大斑啄木鸟　　26
大山雀　　　　40
戴胜　　　　　20
东方大苇莺　　42

H
黑卷尾　　　　30
黑水鸡　　　　16
黑尾蜡嘴雀　　74
红隼　　　　　28
红尾斑鸫　　　62
红尾伯劳　　　32
黄腰柳莺　　　50
灰椋鸟　　　　58
灰喜鹊　　　　36

J
家燕　　　　　44
金翅雀　　　　76
金腰燕　　　　46

M
麻雀　　　　　66

P
普通翠鸟　　　22
普通燕鸥　　　18

S
三道眉草鹀　　78
山斑鸠　　　　12
树鹨　　　　　70

W
乌鸫　　　　　60

X
喜鹊　　　　　38
小鸊鷉　　　　10
小鸦　　　　　80
星头啄木鸟　　24

Y
燕雀　　　　　72
银喉长尾山雀　52

Z
珠颈斑鸠　　　14
棕背伯劳　　　34
棕头鸦雀　　　54

主要参考文献

[1] 赵海鹏，禹俊锋，肖保林，谷艳芳. 河南大学校园鸟类初步调查[J]. 生物学杂志，2011，28（6）：43-45.

[2] 赵海鹏，曹颖，刘雪燕，陈天恩，李银会，王鹏. 河南大学校园鸟类再报[J]. 河南大学学报（自然科学版）2022. 52（04）：430-440.

[3] 约翰·马敬能，卡伦·菲利普斯，何芬奇. 中国鸟类野外手册[M]. 长沙：湖南教育出版社，2000.

[4] 郑光美. 中国鸟类分类与分布名录（第三版）[M]. 北京科学出版社，2017.

[5] 洪咏怡，卢训令，赵海鹏. 黄淮平原农业景观不同生境鸟类多样性特征及年际动态[J]. 生态学报，2021，41（05）：2045-2055.

[6] 郑光美，魏潮生. 红尾伯劳的繁殖习性[J]. 动物学报，1973，（02）：182-189.

[7] 吕丽. 黄河三角洲湿地鸟类多样性及其生境选择[D]. 山东农业大学，2019.

[8] 刘九江. 戴胜[J]. 林业与生态，2016，（07）：38.

[9] 高瑞东. 芦芽山国家级自然保护区普通翠鸟生态习性

记述[J]. 山西林业科技, 2012, 41 (01): 29-30+33.

[10] 杜恒勤, 赵飞, 陈玉泉. 黑卷尾的习性观察[J]. 野生动物, 1989, (03): 22-24.

[11] 李炳海. 从鹊巢到鹊桥——中国古代文学中的喜鹊形象[J]. 求索, 1990, (02): 90-93.

[12] 任源浩, 宋东杰, 虞蔚岩, 李朝晖. 八哥繁殖期行为节律研究[J]. 黑龙江畜牧兽医, 2015, (03): 25-27+33.

[13] 陈学奇. 美丽的小精灵——北红尾鸲[J]. 世界文化, 2017, (11): 66.

[14] 沈斌煊. 常见鸟类——白鹡鸰[J]. 生命世界, 2018, (01): 34-35.

黑尾蜡嘴雀【雄】（王鹏摄）

银喉长尾山雀【雄】（王鹏摄）

**河南大学生命科学学院
爱鸟网**

… …

更多内容欢迎扫码访问